Comment on produit
le
Sommeil magnétique

PAR

GEORGES SUARD

Ex-Magnétiseur

Ouvrage indispensable aux débutants

3e ÉDITION

Prix. . . . .   5 francs

DÉPOSÉ

—

TOUS DROITS RÉSERVÉS POUR TOUS PAYS

Comment on produit le Sommeil magnétique

Comment on produit
le
Sommeil magnétique

PAR

GEORGES SUARD

Ex-Magnétiseur

Ouvrage indispensable aux débutants

3ᵉ ÉDITION

Prix. . . . . 5 francs

Comment on produit le sommeil magnétique

par GEORGES SUARD

Ex-Magnétiseur

....

CHAPITRE PREMIER

Les sensitifs ou sujets.

Si nous interrogeons, à l'heure actuelle, toutes les personnes ayant acheté des cours de magnétisme et d'hypnotisme, nous remarquons, d'une manière générale, que le mécontentement est le sentiment qui se manifeste aussitôt notre question.

Il y a pourtant des auteurs très documentés, d'autres très expérimentés ! A quoi tient donc ce manque de satisfaction ?

La première faute est que celui qui écrit un livre de magnétisme ne s'étend pas suffisamment sur la manière de reconnaître les sensitifs.

Or, les sujets sont les premiers outils (excusez l'expression) indispensables à la production des phénomènes. Nous allons donc consacrer tout un chapitre indiquant le moyen de reconnaître les personnes endormables.

Les sensitifs se trouvent partout. Ceux qui sont doués d'un tempérament froid aussi bien que ceux doués d'un tempérament nerveux peuvent faire d'excellents sujets.

Voici donc plusieurs manières de reconnaître ces derniers.

Ce qui va suivre semblera quelque peu disparate au lecteur, mais peu importe, ce que nous désirons surtout, c'est d'entrer dans le vif de la question sans nous arrêter aux considérations de chaque particularité.

1° Les sensitifs aiment presque tous la couleur bleue et par contre, détestent la couleur jaune.

Cette remarque, qui paraît puérile à première vue, est d'une grande importance.

Supposons un instant que celui qui se prête aux expériences dise préférer le jaune vif ou orangé à toute autre couleur.

Eh bien ! il n'y aura rien à faire.

On aura beau essayer autant de fois que l'on voudra, ce sera peine perdue.

Depuis quatorze ans que nous exerçons, nous n'avons jamais pu endormir, ni même influencer d'une façon sérieuse une personne ayant un penchant pour le jaune (1).

On comprend donc le découragement qui s'empare du débutant quand il tombe du premier coup sur une telle personne, tandis qu'il lui serait si simple de s'informer avant les essais.

. . . .

2° Les personnes endormables restent tristes et mélancoliques au son des cloches.

Cette particularité est tout aussi importante à connaître que celle qui précède.

Une telle tristesse ne peut s'expliquer. On la constate et voilà tout.

D'aucuns diront qu'elle est due à une diminution d'activité produite par les vibrations négatives, mais cette raison n'est pas suffisante.

---

(1) Une brune très coquette et endormable pourra peut-être aimer cette couleur qui s'accordera avec son teint ou sa toilette, mais cette considération fait naturellement exception à la règle, car, bien certainement, le jaune seul, par lui-même, ne plaira pas.

Les cloches semblent ÉVOQUER UN SOUVENIR LOINTAIN.

ELLES PARLENT A UN SUJET. Elles semblent lui dire : « *Le temps passé ne revient plus.*

« *Maintenant ton heure a sonné.*

« *Tiens, écoute ces vibrations qui s'éteignent dans un cri d'agonie !*

« *Le choc qui me fait tressaillir avec violence représente notre entrée en ce monde.*

« *Vois donc comme notre passage est éphémère !* »

.   .   .   .

En effet, rien n'est plus plaintif que ces vibrations, et le sujet qui semble comprendre cette voix mystérieuse a la chair de poule pour commencer, puis, un moment après, une irrésistible envie de pleurer, et finalement, une crise de larmes très violente si le carillon continue.

Il est certain qu'un glas ou le son d'un gros bourdon ne sont pas pour donner des idées folichonnes ; mais que les cloches sonnent pour un baptême ou pour un mariage, elles laissent toujours une impression de tristesse au sujet.

Nous irons même plus loin, en disant qu'il aura quelquefois des idées de suicide.

Les sensitifs sont-ils donc des êtres inférieurs ?

Nous répondrons plus loin à cette question, mais nous pouvons dire dès maintenant qu'il n'y a rien d'inutile sur la terre, et que les personnes impressionnables dont nous venons de parler nous seront d'un secours précieux dans bien des circonstances.

Si, grâce au Magnétiseur, le sujet peut BRAVER LA DOULEUR, grâce également au sensitif, l'opérateur peut éviter bien des écueils.

Ceci dit, continuons d'énoncer les particularités des sensitifs.

3° Ces derniers se couchent presque toujours sur le côté droit.

4° Ils ne peuvent tenir en place à l'église (1).

5° La musique lente et le cor de chasse, notamment, les font pleurer (même mystère que pour les cloches).

6° Ils n'aiment pas les sociétés turbulentes, ni les foules compactes (2).

7° Ils n'aiment pas se promener au clair de lune.

8° Le bruit d'une cascade leur donne une impression désagréable.

9° Ils n'aiment pas donner des poignées de main.

Bref, ce sont des êtres qui, à première vue, semblent capricieux, au suprême degré, quand, en réalité, ces soi-disant caprices ne sont que le résultat de leur extrême sensitivité. (*Je dis sensitivité et non sensibilité.*)

Autrement dit, un sujet n'est qu'un baromètre intelligent. Et Dieu sait si c'est variable !

Il n'est pas nécessaire qu'un sensitif remplisse toutes les particularités énoncées ci-dessus. Quelques-unes seulement sont suffisantes.

Nous dirons pour finir que les personnes aimant le son des cloches et le jaune sont réfractaires dans toute l'acception du mot.

Jusqu'ici, on peut donc, sans avoir un seul instant prononcé le mot magnétisme, se rendre compte si l'on a, dans sa famille, ou dans son entourage, une personne facilement endormable.

Supposons que nous l'ayons trouvée.

Il faudra la faire placer debout, et lui appliquer les deux mains sur les omoplates.

(1) Cela tient au magnétisme terrestre, trop long à expliquer ici.

(2) Le rayonnement qui émane de chacun de nous explique ce phénomène.

Au bout de quelques instants, elle ressentira une chaleur qui pourra aller jusqu'à la suffocation, et si insensiblement nous retirons les mains, ladite personne tombera en arrière, comme attirée par un aimant.

Ce moyen est très connu, mais ce n'est pas une raison pour n'en point parler. Ce sera pour nous une nouvelle confirmation de la sensitivité du sujet.

CHAPITRE II

Comment produire le Sommeil ?

Admettons, pour un instant, que nous ayons trouvé le sujet rêvé, c'est-à-dire aimant le bleu, détestant le jaune, se couchant sur le côté droit, etc... Nous commençons par prendre l'établissement du rapport.

Voici en quoi il consiste.

L'opérateur devra s'asseoir en face du sujet. Les jambes de ce dernier placées entre celles du Magnétiseur, les genoux contre les genoux, les pieds contre les pieds, les mains sur les mains, et, point capital, la face palmaire des pouces du patient contre la face palmaire des pouces de l'opérateur (1).

Pour la première fois, il faudra rester ainsi pendant un quart d'heure.

Le patient ressentira des picotements ou, plutôt, des titillations dans les pouces.

Ce fourmillement ne tardera pas à envahir le poignet et même l'avant-bras.

En continuant l'action, c'est-à-dire en restant quelques minutes de plus dans cette position, un engourdissement à peu près complet se manifestera chez le sujet (2).

A ce moment, l'opérateur se lèvera et dirigera les doigts de la main droite directement vers le front du sujet. Une bonne distance est de 30 à 50 centimètres environ.

---

(1) Autrement dit l'intérieur des pouces du sujet contre l'intérieur des pouces du magnétiseur.

(2) Si celui-ci est très sensible, il pourra s'endormir dans cette position. Le sommeil ainsi provoqué est le plus doux de tous.

Recommandation importante

Le Magnétiseur n'aura aucune raideur, car cette dernière est plutôt nuisible à l'émission du fluide.

Au bout de cinq minutes environ, la poitrine du sujet
se gonflera légèrement, et, un moment après, un soupir
profond sera l'indice que le sommeil magnétique est arrivé à son Ier degré.

CHAPITRE III

Premier état du Sommeil, Crédulité.

Pour un début, il ne faut jamais dire à la personne que l'on suppose endormie : « Dormez-vous ? »

Il est préférable de demander : « M'entendez-vous ? » ou encore : « Comment vous trouvez-vous ? »

Si le sujet répond : « Pas mal ! » méfiez-vous, car ce peut être un simulateur.

Dans ce cas, et afin de vous convaincre, prenez un morceau de papier, roulez-le entre vos doigts de façon que vous puissiez, avec la pointe, chatouiller légèrement les oreilles du dormeur, ainsi que les lèvres et les narines.

Si le sujet ne bronche pas, il n'y a pas d'erreur possible, c'est qu'il dort sérieusement, car aucune personne au monde n'est capable de rester immobile pendant cette simple épreuve.

Alors vous répétez : « Etes-vous bien ? »

Quelquefois la réponse est longue à venir. Cela provient de ce que la langue est comme collée au gosier.

Il s'agit dans ce cas de passer la main — n'importe laquelle — sous le menton du sujet, et cela avec une certaine rapidité. Ceci s'appelle un effleurage.

Vous pouvez dire alors au sujet :

« Pourriez-vous me dire votre âge ? »

Presque invariablement, le dormeur vous répondra qu'il ne s'en rappelle plus. Alors vous ajouterez : « Comment vous appelez-vous ? »

— Je ne sais pas !

— Comment, vous ne savez pas votre nom ?

— Non, je ne sais plus !

— Pourriez-vous me dire votre adresse ?

— Je l'ai oubliée !

— Comment ferez-vous pour rentrer chez vous ?

— Je ne sais pas !

Avec de telles réponses, il n'y a pas d'erreur possible, le sujet est bien au 1er degré, c'est-à-dire en *Crédulité*.

QUE PEUT-ON TIRER DE CETTE PHASE ?

Le lecteur se dira : voilà un état qui n'est pas bien intéressant, puisque l'on ne peut rien tirer du dormeur !

— Grave erreur !

Si la crédulité est patente on peut créer des personnalités, car si le sujet paraît nul par lui-même, il peut entrer dans la peau du personnage suggéré.

Plusieurs exemples feront mieux comprendre que n'importe quel raisonnement.

1° Vous dites au sujet : « C'est aujourd'hui dimanche, il fait un beau soleil, voulez-vous venir pêcher à la ligne avec moi ? »

S'il accepte, prenez une canne ou un parapluie, peu importe, et ajoutez : « Regardez la belle ligne ! Eh bien, maintenant que nous sommes à la rivière, prenez du poisson, le plus possible ».

Alors, avec plus ou moins d'adresse, surtout les premières fois, le dormeur auquel vous aurez ouvert les yeux, préalablement fera le simulacre de pêcher.

Cette expérience qui paraît naïve et banale par elle-même, a une importance énorme, car si le sensitif accepte ce rôle, il peut accepter tous les autres, et c'est précisément en quoi réside le danger de ce premier sommeil.

Donnons des exemples.

Le sujet ayant fini de pêcher sur votre ordre, dites-lui : « Vous êtes mon secrétaire, et, si vous le voulez bien, nous allons travailler ensemble. Venez à mon bureau et écrivez (1) ».

— JE RECONNAIS AVOIR ÉTÉ ENDORMI LE 15 JUIN 1903, A 9 HEURES DU SOIR.

Puis, de la même voix monotone, ajoutez : « Je reconnais devoir la somme de 1.000 francs à M. Julien. Je le rembourserai le 15 janvier 1910. »

Voilà donc le grand danger.

Le sujet, qui est entré dans la peau du secrétaire, écrit bêtement ce qu'on lui dicte, sans se rendre nullement compte de ce qu'il met. (*Il signerait sa condamnation à mort.*)

C'est pourquoi on a vu malheureusement et on verra encore des personnes reconnaître devoir des sommes qui ne leur ont jamais été prêtées. Et c'est précisément dans cet état, le plus léger de tous, que ces phénomènes sont possibles.

Continuons les exemples.

Voilà maintenant une jeune fille honnête qui a été endormie, si nous le voulons bien, par son fiancé.

Si celui-ci est animé de mauvaises intentions, et qu'il connaisse son affaire, il aura beau jeu.

On a dit (et ce sont des maîtres qui parlent ainsi) qu'une femme vertueuse conservait, même dans le sommeil le plus profond, un sentiment de pudeur indéracinable. Oui, certes, mais le danger n'en existe pas moins pour plusieurs raisons.

La première de toutes, c'est l'insensibilité dans laquelle est plongée la dormeuse.

La deuxième tient de la suggestion proprement dite.

Dans une expérience classique, par exemple, on dira à une dame : « Ne trouvez-vous pas qu'il fait chaud ? Dieu qu'il fait chaud ! »

---

(1) Il est bon de répéter plusieurs fois l'ordre, surtout dans les débuts.

Ici, la personne se découvrira comme pour mieux respirer, mais ne se déshabillera pas complètement, même si on lui donne un ordre énergique. C'est cette résistance que l'on appelle la subsconscience (1).

Mais si l'opérateur change la personnalité du sujet en lui disant :

« *Vous êtes B..., le premier nageur du monde, dans quelques instants vous allez traverser Paris à la nage... etc..., l'heure est venue, déshabillez-vous vivement pour ne pas manquer le départ.* »

Dans ce cas le sensitif, acceptant son rôle, perd toute notion de pudeur, par le fait même de l'ordre donné en conséquence.

Mais si cette puissance magnétique peut faire le mal, elle peut, en revanche, procurer d'immenses avantages au sujet comme à l'opérateur.

Voyons donc maintenant quels sont les bénéfices que l'on peut tirer de cet état.

Ici encore, les exemples feront mieux comprendre que la théorie.

Prenons un garçon de douze ans, instruit normalement et doué de qualités ordinaires. Eh bien ! avec un sage entraînement, on arrivera à faire un prodige de cet enfant dans la partie que l'on choisira.

SUGGESTION. — *Vous avez vingt-cinq ans, vous êtes professeur d'écriture, votre main est souple et légère, écrivez : L'Ecriture est un geste fixé.*

Ce garçon qui, d'habitude, aura une écriture enfantine, changera totalement son graphisme. Nous ne dirons pas qu'il écrira comme un professeur, mais il aura certainement un coup de plume supérieur à celui qu'il a habituellement.

(1) Lire *les Débuts d'un Magnétiseur*, l'œuvre magistrale d'André Neff (volume 3 francs franco).

Et autant de personnalités différentes, .autant d'écritures diverses !

Voici, du reste, quelques épreuves d'un de mes sujets nommé Lucie.

Nous sommes toujours en *crédulité*, ne l'oublions pas.

Ire Suggestion. — *Vous êtes laboureur, écrivez au charron de venir réparer votre charrue qui est cassée.*

. . . .

Aussitôt, Lucie prend la pose d'une personne qui n'a pas l'habitude de manier la plume, et s'avachissant sur le papier, elle écrit :

> Monsieur Piédalu
> Pourriez-vous venir lundi
> dans l'après midi ver 2 heures
> pour ma charrue qui cassée
> Goudeau

Non seulement l'écriture est vilaine, mais le style et l'orthographe sont déplorables.

2e Suggestion. — *Vous avez dix-huit ans, écrivez à Marthe, votre amie de venir dîner ce soir avec vous...*

> Ma chère Marthe
> Tu me ferais un grand
> plaisir en venant dîner
> ce soir avec moi.
> Jeanne

Ici l'écriture est tout autre.

AUTRE EXEMPLE. — *Vous êtes docteur. Rédigez une ordonnance pour cette personne qui a mal à la gorge (je désigne un élève).*

Gargarine 3 fois par jour avec une cuillerée à soupe de la solution suivante.

Chlorate de Potasse   8 gr
Teinture de Cola   20 —
Miel Rosat   40
Eau   260

4ᵉ SUGGESTION. — *Vous êtes capitaine. Le soldat Julien a sauté le mur pour la deuxième fois, punissez-le comme il le mérite.*

Aussitôt Lucie prend un aspect rébarbatif et écrit, les sourcils froncés, ce qui suit :

Le Soldat Julien aura 4 jours de prison

Le Capitaine Jéromme

Comme on le voit, le graphologue le plus habile pourrait se trouver dérouté dans une expertise.

Donc, si l'on a dans sa famille un enfant écrivant mal, il n'y a qu'à l'endormir, et lui suggérer qu'il est professeur d'écriture, et après une vingtaine d'épreuves, non seulement l'enfant aura fait des progrès énormes, dans le sommeil, MAIS AU RÉVEIL IL RESTERA QUELQUE CHOSE, surtout si on a donné un ordre en conséquence.

Il en sera de même pour tout.

Une jeune fille jouant passablement du piano deviendra une vraie virtuose dans le sommeil, et même dans le réveil, si des suggestions habiles ont été données.

J'ai vu un homme de trente-cinq ans qui n'avait aucune notion de la musique, et qui, endormi, se mit à jouer du piston avec un tel entrain qu'on ne pouvait plus l'arrêter.

Le fait est plutôt rare, mais n'est-ce pas merveilleux ? (1).

Eh bien ! tout cela n'est rien auprès de ce que nous allons voir quand nous serons arrivés au somnambulisme, mais il y a encore du chemin d'ici-là.

Avant d'aller plus loin, et de changer d'état, voyons quelles sont les impressions du sujet endormi pour la première fois.

En cette occurence, je ne puis mieux faire que de relater les sensations d'une jeune fille de dix-neuf ans à laquelle j'avais donné l'ordre de m'écrire, une fois

______

(1) Il s'est passé, en Touraine, un fait extraordinaire. Un sujet endormi dans une séance publique reçut la suggestion qu'il était professeur de billard, et il gagna ce soir-là un des meilleurs joueurs de la ville.

Cette partie sensationnelle est relatée dans *les Débuts d'un Magnétiseur*, le joli récit d'André Neff.

réveillée, pour me raconter tout ce qu'elle éprouvait dans les premières séances.

Et j'avais ajouté : « *Votre mémoire vous sera fidèle* (1) *et vous n'oublierez aucun détail* ».

Donc, le surlendemain de cette suggestion, je reçus la lettre suivante :

« Cher Monsieur Suard,

« Je ne sais pourquoi, au milieu de mon travail, votre
« souvenir ne me quitte jamais. Il me semble que de
« votre esprit au mien existe un lien invisible, qui, de
« loin comme de près, établit entre eux une sympathie
« de rapport et fait dépendre en quelque sorte ma
« volonté de la vôtre.

« Ce sentiment n'est nullement humain. Il ne res-
« semble en rien au sentiment *qu'ont un père ou une*
« *mère pour leur enfant, ou un frère pour sa sœur,*
« *un fiancé pour sa fiancée, un amant pour sa maî-*
« *tresse,* c'est un sentiment tout spirituel, d'âme à âme,
« d'esprit à esprit, bien plus suave que tout ce qu'on
« peut imaginer.

« Oh ! ce premier sommeil, où il semble que l'on
« quitte la terre pour s'élever dans une autre vie, une
« vie céleste, bien plus douce que la vie terrestre !

« Qui peut dire les sensations que l'on éprouve en
« sentant son corps s'élever, puis rester suspendu
« comme se reposant sur un nuage pendant que l'âme
« s'extériorise et plane au-dessus du corps ?

« Et plus l'âme s'élève, plus on éprouve cette sensa-

---

(1) Un sujet endormi ne se rappelle jamais à son réveil ce qui s'est passé dans le sommeil, sauf de très RARES EX-CEPTIONS, c'est pourquoi les hypnotiseurs, par mesure de précaution, disent toujours : *Oubliez ce qui s'est passé.* Pour le cas qui nous concerne, je devais dire le contraire, c'est-à-dire : *Rappelez-vous tout.*

« tion que l'on est bien isolé du monde, à entendre la
« voix seule du magnétiseur, cette voix lointaine qui
« endort (1) toujours, et toujours plus doucement. Dans
« ces quelques moments de sommeil, comme le monde
« est loin !

« Les soucis. les ennuis, tout a disparu, quelle douce
« vie l'on respire !

« Quel calme et quelle pureté pénètrent dans l'âme
« et dans l'esprit !

« J'espère, Monsieur Suard, que chaque fois que
« j'irai vous voir, vous me perfectionnerez davantage.

« En attendant le plaisir de vous voir, agréez, etc...

« GEORGETTE. »

Comme on le voit, il n'est pas trop désagréable de se
faire endormir.

Quelle différence avec le sommeil hypnotique dur et
brutal, qui laisse toujours les sensitifs dans un malaise
indéfinissable même longtemps après le réveil !

Ces sensations exquises éprouvées par Georgette ne
sont pas un fait isolé. Un autre sujet, Myriam, auquel
j'avais donné le même ordre de m'écrire, s'exprime
ainsi :

« Cher Monsieur,

« Tout d'abord, laissez-moi vous remercier des nuits
« tranquilles et reposées que je passe depuis que je
« suis sous votre douce influence.

« Jamais je n'ai été si gaie et jamais je n'ai eu l'esprit
« si dispos.

« C'est avec impatience que j'attends vos séances
« pour me replonger dans l'hypnose.

---

(1) Cette jeune fille étant très dure à endormir, j'avais été
obligé de donner quelques suggestions, chose que je ne fais
jamais habituellement pour produire le sommeil, à moins
d'avoir des réfractaires amenés par des clients.

« En effet, quel moment peut être plus agréable que
« celui où, le fluide passant de vous à moi, je me sens
« envahir par une délicieuse torpeur, où malgré ma
« volonté, je sens mes idées sombrer et où je ne puis
« plus penser.

« Alors, un immense bien-être s'empare de moi, et
« il me semble que je suis transportée dans un monde
« nouveau et meilleur, où l'on ignore soucis et chagrins.

« Puis, plus rien..., c'est la nuit complète de mon cer-
« veau, la négation du moi personnel jusqu'au réveil.

« Et puis, c'est si drôle de ne plus se rappeler ce que
« pendant un long moment on a fait, ou dit, ou pensé.

« Vous allez me trouver bizarre, sinon inconvenante
« en recevant cette lettre.

« Mais vous ne serez certainement pas plus surpris
« que je ne le suis moi-même.

« Figurez-vous que depuis mon réveil, cette pensée
« de vous écrire m'obsède.

« J'ai cherché à résister. Ce fut en vain, puisque me
« voici en train d'obéir malgré moi. Vous croyez peut-
« être que j'ai cherché ce que j'allais vous dire.

« Il n'en est rien. Ma plume s'est mise à raconter,
« raconter, sans qu'il me fût possible de l'arrêter. Je
« l'ai donc laissé faire, et puis, lorsqu'elle a eu fini, j'ai
« songé à m'excuser de l'inconvenance de vous écrire.

« Je crois que vous saurez mieux que moi analyser la
« pensée à laquelle j'ai obéi, et que vous voudrez bien
« m'en faire part.

« Recevez, Monsieur, l'expression de mes sentiments
« sincères et reconnaissants.

« MYRIAM. »

A peu de chose près, les sensations sont les mêmes
pour ces deux jeunes filles.

Bien entendu, dès que la lettre est jetée à la boîte, tout souvenir a disparu chez le sujet.

Il est impossible à ce dernier de se rappeler quoi que ce soit, à moins d'être plongé à nouveau au même degré du sommeil dans lequel la suggestion a été donnée. Autrement dit, le sujet se rappelle d'un sommeil dans un autre sommeil.

Quelles sont maintenant les impressions du Magnétiseur qui endort les premières fois ?

Dès que celui-ci a dirigé les doigts de la main droite vers le front du sujet, il éprouve un picotement presque continu ; quelquefois, il lui semble ressentir comme un courant d'eau chaude passer sous les ongles.

Cette sensation est produite par l'émission du fluide.

Quand le sujet succombe au sommeil, par cette saturation, une joie immense mêlée d'orgueil envahit l'âme du débutant.

Cette force latente qu'il a en lui, cette action puissante dont il est doué sans s'en douter sont pour lui un bonheur inappréciable.

Si l'âme de l'opérateur est noble, celui-ci comprendra de suite qu'il y a dans l'homme quelque chose de supérieur, presque de divin.

Si, au contraire, le jeune magnétiseur a des sentiments peu élevés, il cherchera aussitôt à profiter de cette force pour obtenir dans le sommeil ce qu'il ne pourrait avoir autrement.

Heureusement pour l'humanité, que les Grands Magnétiseurs connus jusqu'à présent étaient tous doués d'une nature d'élite, comme si cette force nerveuse était un privilège qui leur était accordé.

CHAPITRE IV

Deuxième Phase, Catalepsie

Continuons d'imposer la main droite au front du sujet. Après quelques minutes, ce dernier poussera un soupir plus profond, qui sera pour nous l'indice que nous sommes arrivés à la deuxième étape, autrement dit au 2e degré du sommeil magnétique.

Les phénomènes que nous allons observer sont stupéfiants, autant par leur beauté que par leur bizarrerie :

1° Nous constaterons d'abord chez le sujet une immobilité complète.

Si nous soulevons un bras, celui-ci restera dans la position que nous lui aurons imposée.

Les yeux restent fixes et grand ouverts, en un mot le sujet semble de cire.

Rien n'est plus impressionnant pour une personne non prévenue et même pour un débutant que de voir ces phénomènes.

Tous les membres sont d'une légèreté dont rien ne saurait donner l'idée. On croirait manier du caoutchouc, tant la souplesse est grande.

Les positions les plus fatigantes. les plus grotesques, les plus invraisemblables, peuvent être gardées pendant très longtemps, sans que le moindre tremblement dénote une fatigue chez le sujet.

Ici, il est impossible de simuler.

Le meilleur comédien ne pourrait remplir son rôle. S'il y a une chose que l'on n'imite pas dans le sommeil, c'est bien l'état cataleptique.

Si nous le voulons, la statue va s'animer. Portons la main droite du sujet à sa bouche ; aussitôt, si c'est une femme, elle sourira avec une expression divine en envoyant des baisers.

Le fait d'envoyer des baisers est dû à l'automatisme de la mémoire, car il faut dire qu'à ce 2ᵉ degré du sommeil l'esprit du sujet est très obtus.

Un souvenir lointain semble dire au sujet : « Si tu as la main sur la bouche, ce ne peut être que dans ce but. »

Et c'est alors que l'on voit ce geste gracieux et automatique (ce qui paraît un non-sens, tant ces deux expressions semblent peu s'accorder).

Arrêtons le bras, et aussitôt le visage cesse de sourire instantanément.

L'être redevient de cire.

Les peintres et sculpteurs feraient bien d'étudier cet état, ce qui leur serait d'autant plus facile, que l'immobilité, qui est la caractéristique de la catalepsie, leur permettrait de travailler sans trop se hâter.

Dans cette phase merveilleuse, le sujet peut se lever et marcher, mais gare la chute, car il arrive parfois que les jambes deviennent raides, tout d'un coup, et sans cause apparente.

Il est donc prudent, avant de faire marcher le sujet, de faire un effleurage (1) rapide en partant des hanches pour aller au bout des pieds.

Maintenant, si le lecteur veut l'illusion d'un conte des mille et une nuits, voilà ce que je lui conseille :

1° Qu'il fasse son possible pour avoir dans une même soirée trois ou quatre sensitifs hommes ou femmes, peu importe.

2° Qu'il se procure quelques musiciens, ou, ce qui serait mieux pour l'expérience, et moins coûteux, un bon phonographe à disques.

---

(1) L'effleurage se fait comme une passe rapide avec un léger contact.

3⁰ Qu'il plonge les trois ou quatre sujets en cata-lepsie.

4° Et enfin qu'il mette sur l'appareil une polka des plus relevées.

Aussitôt les statues s'animent, et se mettent à danser avec une souplesse et une légèreté extraordinaires.

Les visages expriment une joie qui fait plaisir à voir, car dans cette deuxième vie l'hypocrisie est entièrement bannie.

Si SOUDAIN la musique s'arrête, l'effet est foudroyant.

Tous les sujets restent FIGÉS, PÉTRIFIÉS, dans l'attitude qu'ils avaient au moment de la note finale.

Là, le visiteur non prévenu croirait entrer dans un musée de cire (*le Musée Grévin en petit*).

L'effet est si saisissant, si impressionnant, que plusieurs fois nous avons fait entrer, pendant une séance dans une pièce ainsi préparée, des chiens et des chats dont le poil se hérissait aussitôt.

Ces troublantes expériences rappellent de loin le joli conte de Perrault dans sa *Belle au Bois dormant*.

Jamais un directeur de théâtre ne pourra donner (même avec les premiers artistes du monde) une illusion aussi complète aux spectateurs.

Ici, le Magnétisme triomphe dans toute l'acception du mot.

Les personnages, autrement dit les sujets remplissent admirablement le rôle de gens pétrifiés dans leur dernier geste, comme l'explique l'immortel Perrault dans son histoire.

La vie paraît s'être, en effet, retirée d'une façon complète.

La respiration est imperceptible, l'insensibilité totale.

On pourrait couper, hacher menu comme chair à

pâté (1), que les sujets conserveraient la même impassibilité.

On pourrait tirer le canon que pas un muscle du dormeur ne tressaillerait, mais qu'une simple note de musique résonne, si douce, si lointaine soit-elle, aussitôt tous ces visages de cire s'animent de nouveau.

C'est une résurrection spontanée, troublant l'âme des plus indifférents.

Les Hypnotiseurs donnant des séances publiques seraient beaucoup plus applaudis en faisant des expériences comme celles ci-dessus, au lieu de faire tenir à leur patient des rôles ridicules.

C'est également dans la catalepsie que l'on obtient cette rigidité cadavérique permettant d'étendre un sujet sur deux chaises, les pieds sur l'une, la tête sur l'autre.

Pour obtenir cette raideur, il suffit de faire un effleurage lent et pesant depuis le haut de l'épaule — le sujet étant debout — jusqu'aux pieds.

Pour dégager, autrement dit, pour rendre l'élasticité première, il suffit de faire un autre effleurage rapide, mais de bas en haut.

Nous ne conseillons pas ces expériences de rigidité qui ne servent à rien, sauf à démontrer d'une façon irréfutable, la preuve du sommeil. Il est vrai que, s'il fallait chercher à convaincre tous les sceptiques, la vie d'un homme n'y suffirait pas.

Avant de terminer ce chapitre, nous croyons utile de relater quelques particularités aussi étranges que celles décrites ci-dessous.

. . . .

Le sujet étant debout, mettons-lui en main un parapluie. Que va-t-il se passer ?

Le dormeur commence par regarder curieusement

(1) A toi, Perrault !

l'objet en question avec une attention des plus comiques.

Puis, gravement, il passera un examen scrupuleux de cette chose qui lui semble étrange. Finalement, après un temps souvent fort long, il ouvre le parapluie, le tâte encore une fois, et se décide à le mettre au-dessus de sa tête. Ensuite, d'un mouvement automatique, le sujet — si c'est une femme — retrousse sa robe et se met à marcher comme une personne ayant hâte de rentrer chez elle par un temps de pluie.

Cette expérience classique s'explique par l'automatisme de la mémoire.

Un autre phénomène, tout aussi étrange, est celui où le sujet exécute les mêmes mouvements de l'opérateur et répète mot pour mot ce que dit ce dernier.

Un débutant croirait avoir affaire à une personne se moquant de lui.

N'oublions pas que nous sommes dans le 2ᵉ degré, où le sujet n'entend absolument rien, sauf la musique.

Comment donc peut-il répéter les paroles de son magnétiseur ?

Cela tient à l'automatisme, non plus de la mémoire cette fois, mais du mouvement.

En société, cette expérience a toujours son petit succès. Comme elle est très amusante et qu'elle n'entraîne aucun danger, nous la recommandons.

Manière d'opérer :

Faire lever le dormeur, toujours avec précaution (1).

Le sensitif ayant les yeux tournés dans une direction quelconque, l'opérateur devra mettre un doigt de sa main droite dans cette même direction (20 centimètres environ).

Le magnétiseur ayant PRIS LE REGARD de son sujet

____

(1) Nous avons déjà fait remarquer que les jambes peuvent se raidir subitement.

commence par se frotter les mains. Aussitôt — si la prise du regard a été bien faite — le dormeur fera la même chose ; il n'y aura plus alors qu'à faire n'importe quel geste, pour que ce geste soit fait instantanément par le sujet avec une précision et un ensemble étonnants.

Si l'opérateur prononce quelques mots, aussitôt, comme un écho fidèle, le sujet les répétera avec la même intonation.

Que l'opérateur parle russe, espagnol, anglais ou allemand, le dormeur aura le même accent que celui qui dirige.

Il faut vraiment que l'automatisme des mouvements se fasse d'une façon merveilleuse, et que la langue du sensitif suive mathématiquement celle de l'opérateur !

Maintenant, pour SE DÉBARRASSER du dormeur qui ne veut plus vous lâcher, il s'agit de nouveau, de prendre son regard, et d'un mouvement brusque, faire disparaître la main droite, de façon que les yeux du sujet n'aient pas le temps voulu pour suivre une direction quelconque (1).

IMPRESSIONS AU RÉVEIL *après l'état cataleptique.*
Quelques exemples.

Réveillé après une musique guerrière, le sujet a des idées batailleuses.

Réveillé après un air de cloches, il aura des idées noires, tristes jusqu'au suicide.

Réveillé après une musique religieuse, le sensitif éprouvera le besoin de faire une prière.

Et enfin, après un air connu comme : *J'avais mon pompon en revenant de Suresnes*, le sujet aura la tête lourde et un réel MAL AUX CHEVEUX que rien ne

---

(1) Ceci est très difficile à expliquer et très simple à faire. Le mouvement brusque dont nous voulons parler a pour but de COUPER LE FIL de la communication.

pourra faire passer ; même les suggestions les plus éner-
giques données dans un nouveau sommeil resteront sans
effet.

Il faut donc agir avec la plus grande prudence (1).

(1) Nous avons vu un jeune homme endormi (à ce 2ᵉ degré
de catalepsie), auquel on avait joué tous les airs les plus
égrillards, être pendant deux jours ivre-mort, et celà dès son
réveil.

CHAPITRE V

Troisième état ou troisième phase
du sommeil magnétique.

Somnambulisme.

En continuant d'imposer la main droite au front du sujet, nous arrivons après quelques minutes, parfois quelques secondes, suivant la sensitivité du dormeur, à obtenir le somnambulisme.

Cette phase, si belle, si noble et si utile, est peut-être celle qui a le plus nui au Magnétisme.

C'est, en effet, à cette 3ᵉ phase, que certains sensitifs ont la faculté de pouvoir lire aussi aisément les yeux fermés (1) que les yeux ouverts.

Mais procédons par ordre, et allons prudemment, car nous sommes, dès maintenant, dans un sable mouvant.

Nous dirons d'abord que c'est à partir de ce moment seulement que le sujet s'aperçoit qu'il dort. Aussitôt dans cet état, il remue absolument comme s'il était éveillé.

Cette phase comprenant 7 degrés, nous allons les énumérer brièvement :

(1) LES FORBANS du Magnétisme n'ont pas manqué de mettre à profit cette particularité. Quand ils veulent donner des consultations, ils bandent fortement les yeux de leur somnambule, disant que l'obscurité est favorable à la clairvoyance — ce qui est vrai — mais ce qu'ils ne disent pas, c'est que la somnambule est parfaitement éveillée, et que le bandeau ne sert qu'à masquer la supercherie.

Remarquons qu'il s'agit des forbans.

1er DEGRÉ. — Le sujet a *les yeux fermés* (1), et n'est en rapport qu'avec son Magnétiseur.

Autrement dit, il n'entend que lui.

Si, cependant, on voulait que le dormeur entende d'autres personnes, il suffirait à celle-ci de toucher le sujet pour établir immédiatement une communication.

2ᵉ DEGRÉ. — Si on continue d'imposer la main droite au front, pendant quelques secondes, nous remarquons un petit tressaillement se manifester dans tout le corps du sujet. Quelquefois c'est un soupir léger qui indique le 2ᵉ degré du somnambulisme. Mais il ne faut pas confondre ce léger soupir, presque imperceptible, avec celui qui divise chaque phase d'une façon bien tranchée.

Je l'ai dit, nous sommes sur un terrain mouvant, et il faut pour remarquer tous ces phénomènes une attention et une patience de vieux savant.

Donc, filons vivement sans trop nous arrêter à ces petits détails qui sont le propre des expériences de laboratoire.

Nous avons beaucoup mieux à faire pour arriver au côté pratique qui nous intéresse avant tout.

C'est par acquit de conscience que nous nommons ces 7 degrés de la troisième phase, car il n'y aura vraisemblablement que le 4ᵉ degré qui sera utile pour le lecteur (2).

Revenons à ce 2ᵉ degré du somnambulisme.

Là, le rapport continue toujours, il continue même

---

(1) N'oublions pas que, jusqu'alors, c'est-à-dire en crédulité, et en catalepsie, les yeux ont été constamment ouverts.

(2) Certains auteurs disent que le somnambulisme est le 3ᵉ degré qui se divise en 7 phases. D'autres que c'est la 3ᵉ phase qui se divise en 7 degrés. C'est toujours la même chose. Que le lecteur s'imagine le somnambulisme comme un appartement ayant 7 pièces, et qu'il choisisse celle qui lui convient le mieux pour ses études ou expériences.

tellement que si le Magnétiseur se pique, le sujet ressent instantanément la piqûre au point correspondant.

C'est un phénomène extraordinaire.

L'opérateur ayant soif, le patient a la gorge sèche. Si le premier se désaltère, le second sent la fraîcheur du liquide comme s'il buvait lui-même. *Ce 2ᵉ degré s'appelle : sympathie au contact.*

3ᵉ DEGRÉ. — En continuant d'imposer la main droite au front pendant quelques secondes, un nouveau tressaillement, quelquefois imperceptible, est l'indice que nous sommes arrivés au 3ᵉ degré.

C'est encore plus extraordinaire que tout à l'heure. Nous obtenons maintenant la sympathie à distance.

C'est, en effet, dans cet état que certaines somnambules ressentent le mal des malades venant consulter. On comprend la surprise de ces derniers quand, à peine entrés, ils entendent la dormeuse s'écrier par exemple : « Que ce pauvre Monsieur souffre de l'estomac ! » Le pauvre Monsieur reste complètement ahuri, car n'ayant encore rien demandé, on lui dit déjà ce dont il est affecté. Point n'est besoin de dire la confiance illimitée et spontanée du visiteur.

Maintenant, supposons qu'un opérateur abandonne son sujet dans ce 3ᵉ degré du somnambulisme et que le dit opérateur aille faire une course quelconque, supposons encore qu'il se fasse écraser par un tramway.

Eh bien ! nous ne savons pas trop si le sujet avec lequel il est en rapport ne mourrait pas juste au même moment.

C'est une expérience qui demande vraiment trop de dévouement.

. . . .

4ᵉ DEGRÉ. — *Lucidité les yeux fermés.*

Nous voilà arrivés au phénomène le plus merveilleux et le plus troublant de tout ce que nous pourrons voir.

C'est ce 4ᵉ degré qui intéressera surtout nos lecteurs et c'est précisément, comme nous l'avons dit plus haut, L'ÉTAT QUI A FAIT LE PLUS DE MAL AU MAGNÉTISME.

PARTICULARITÉS

Les paupières sont abaissées sur les globes oculaires qui sont presque toujours révulsés vers le haut, c'est-à-dire que, si l'on cherche à soulever la paupière on n'entrevoit que le blanc de l'œil. C'est là le propre *des somnambules qui consultent.*

Les facultés de certains sujets sont extraordinaires. Les uns peuvent lire sans le secours des yeux, d'autres peuvent se transporter à des distances considérables et décrire des scènes qui se déroulent sous leurs yeux comme dans un cinématographe.

D'autres, enfin, peuvent prédire l'avenir.

Voilà le fameux état exploité par les charlatans. D'aucuns mélangent à dessein le Magnétisme, cette science si noble et si pure, avec celle du marc de café et du blanc d'œuf. Ils ajoutent à cela les cartes, tarots, etc., comme s'il pouvait y avoir une analogie avec l'état qui nous intéresse, et alors les crédules (et Dieu sait s'ils sont légion) ayant été dupés, trompés sous toutes les formes, ne savent plus au juste si la cartomancie fait partie du Magnétisme ou le Magnétisme de la cartomancie.

Bref, ces gens s'amènent chez le Magnétiseur consciencieux avec une crainte qui serait plaisante, si elle n'était le résultat des turpitudes dont ils ont été l'objet.

Que de fois nous avons vu, même des Parisiens (ayant lu les annonces de NOS LEÇONS DE MAGNÉTISME) venir nous trouver en disant carrément : « J'ai vu votre réclame sur le journal, et je viens pour que vous me tiriez les cartes ». Ce qui fait bien voir que la confusion a été créée à plaisir pour les gens naïfs.

*Disons donc tout haut et à tue-tête que : Le Magné-
tisme, c'est la science noble dans toute l'acception du
mot. C'est le LION, derrière lequel s'abritent les hyènes
et les chacals. Et si nous ne garantissons pas les consultations, c'est que nous, professionnels, savons mieux que
quiconque que LA LUCIDITÉ N'EST PAS RÉGU-
LIÈRE.*

Cette faculté s'appelle encore clairvoyance. Elle est
plutôt rare, et bien des sujets endormis très souvent ne
seront jamais lucides. (1)

A l'heure actuelle, le meilleur moyen pour rendre
un dormeur clairvoyant, c'est d'exciter le plexus cardiaque.

Ceci se fait en dirigeant les doigts de la main droite
vers la poitrine (peu importe la distance).

Continuons maintenant d'énumérer les phases du
somnambulisme, et nous reviendrons tout à l'heure à
ce 4ᵉ degré qui a été, et sera encore, l'objet de nombreuses discussions.

5ᵉ DEGRÉ. — *Lucidité les yeux ouverts.*

En continuant d'imposer la main droite au front du
sujet, nous remarquerons un nouveau tressaillement chez
ce dernier. Et aussitôt, les yeux s'ouvrent spontanément,
ce qui, à première vue, ferait croire au réveil.

Puis, le rapport cesse, et dès ce moment, le sensitif est
capable de voir les effluves qui se dégagent du corps
humain.

Personnellement, nous n'avons eu que fort peu de
sujets ayant la lucidité les yeux ouverts.

Dans cet état ils remuaient continuellement, sans pouvoir rester en place.

(1) Par contre, d'autres sujets sont lucides dès le 1ᵉʳ sommeil.

6ᵉ Degré. — *Extase*

Etat encore plus rare que le précédent.

Le sujet semble naviguer de conserve avec les anges, tant il a l'air heureux,

On fait cesser cette phase en abaissant les paupières.

7ᵉ Degré. — *Contracture*

Rien d'intéressant pour nous (1).

----

(1) Ces degrés sont ceux trouvés par M. Durville, le sympathique directeur de la Société magnétique de France. D'autres chercheurs pourront peut-être en découvrir de nouveaux, mais quant à nous, ce sont les seuls que nous ayons constatés et même chez très peu de sujets. Comme côté pratique, il n'y a guère que les quatrième et cinquième degrés. Et quand bien même on trouverait dix degrés dans cette phase, nous ne voyons pas trop comment ils pourraient être utilisés.

CHAPITRE VI

Quatrième phase du sommeil magnétique, Léthargie

En continuant d'imposer la main droite au front du sujet, nous remarquons après quelques instants un soupir profond, ce fameux soupir qui indique les étapes successives — et à partir de ce moment, le dormeur semble complètement inanimé.

Nous sommes, en effet, arrivés au point terminus.

Dans ce sommeil profond, le sujet est incapable de faire le moindre mouvement. Les membres sont flasques, ils n'offrent aucune résistance. Lorsqu'on les soulève, ils retombent lourdement dès qu'on les abandonne à eux-mêmes. Le cœur bat faiblement, le souffle est imperceptible. C'est l'état de mort apparente. Quand un débutant voit cela pour la première fois, il n'est pas très rassuré.

Quant au sujet qui semble un véritable cadavre, IL ENTEND TOUT, mais il ne peut faire le moindre mouvement. On dirait à voix basse : Mais le malheureux est mort, il faut l'enterrer sans tarder, le dormeur ne pourrait pas faire le plus petit geste, ni dire le moindre mot, pour prouver qu'il est toujours bien vivant.

En un mot, c'est un état terrible. Les Hindous, ces fanatiques du Magnétisme et de l'hypnotisme, se font enterrer dans cet état pendant trente à quarante jours.

Nous ne voyons pas, à l'heure actuelle, le côté pratique de ces coutumes.

En somme, l'utilité réelle de cette phase serait pour les chirurgiens qui pourraient tailler et charcuter à plaisir pendant ce sommeil profond où le sujet est d'une insensibilité complète.

CHAPITRE VII

Suggestions post=hypnotiques.

Récapitulons.

Nous avons vu les quatre phases :

1° Crédulité.

2° Catalepsie.

3° Somnambulisme.

4° Léthargie.

Dans la 1ʳᵉ, le dormeur entre dans la peau de n'importe quel personnage. Il peut écrire, chanter, pêcher, etc...

Dans la 2ᵉ, il devient statue animée, notamment sous l'influence de la musique.

Dans la 3ᵉ, il peut lire les yeux fermés et prédire quelquefois l'avenir.

Enfin, dans la 4ᵉ, il pourrait figurer à la morgue, tant l'état ressemble à la mort.

A quel moment doit-on donner les suggestions post-hypnotiques (1) ?

Voilà un point capital.

Malheureusement, nous ne pouvons être trop affirmatifs, car il n'y a pas de règle absolue.

Nous allons donc répondre d'après notre pratique.

. . . .

1° Une suggestion donnée en crédulité, ou 1ᵉʳ état du sommeil magnétique, PEUT ÊTRE EXÉCUTÉE, MAIS PEUT ÉGALEMENT ÊTRE OUBLIÉE, ce degré du sommeil étant fort léger.

. . . .

2° Une suggestion donnée dans le 2ᵉ état, ou catalepsie, NE SERA PAS EXÉCUTÉE, puisque le sujet n'en-

(1) Ordre donné pendant le sommeil pour être exécuté au réveil à un moment déterminé.

tend rien, sauf la musique.

. . . .

3° Une suggestion donnée dans le 3ᵉ état, ou somnambulisme, sera exécutée à une échéance très longue, MÊME UNE ANNÉE, si toutefois l'ordre donné n'est pas contraire à la moralité du sujet.

. . . .

4° Une suggestion donnée dans le 4ᵉ état, ou léthargie, sera exécutée, certainement, *même si* L'ORDRE EST CRIMINEL. C'est triste à constater, mais c'est la vérité.

Maintenant, il ne faudrait pas que le lecteur s'imagine que toutes les personnes endormables passent d'une façon régulière par les quatre états.

Certains sujets n'arrivent qu'au 1ᵉʳ état sans pouvoir jamais le dépasser.

D'autres atteignent le 2ᵉ état.

D'autres encore (et il y en a pas mal dans cette catégorie) arrivent DIRECTEMENT au 3ᵉ état ou somnambulisme.

A vrai dire, ceux qui arrivent à ce degré directement sont plutôt dans un état bâtard.

C'est de la crédulité et du somnambulisme mélangés.

On soutiendrait à un sujet de vingt ans qu'il en a quatorze, il répondrait : Peut-être bien.

Maintenant on lui demanderait comme première question son âge, il répondrait : vingt ans, sans hésiter.

La phase n'est donc pas franche.

Dans l'énumération des degrés que nous avons décrits plus haut, nous nous sommes basés sur des expériences faites avec des sujets classiques.

A ceux-là, on dirait en somnambulisme qu'ils ont cinquante ans quand en réalité ils en auraient dix-huit, ils soutiendraient mordicus que c'est bien ce dernier âge qu'ils ont. De même qu'en crédulité on leur demanderait leur âge, ils ne pourraient le dire.

Nous faisons cette remarque à dessein, afin que les débutants ne croient pas qu'un sujet est un être mathématique dans les phénomènes. Ce sera donc à l'élève de tâter un peu le terrain avant d'être trop positif dans ses démonstrations.

. . . .

Comment s'y prendra-t-on maintenant pour guérir les mauvaises habitudes ?

Un fumeur par exemple, ou un buveur d'absinthe ?

Nous emploierons tout simplement les suggestions, qui auront pour but de remettre le patient sur une autre route, ou dans une meilleure voie.

Mais dans quel état faudra-t-il donner les suggestions en conséquence ?

Voilà, en effet, un point capital.

Ceci dépendra beaucoup du sujet que l'on aura sous la main.

Si ce dernier peut aller jusqu'à la léthargie, ce sera merveilleux.

En une seule séance, on pourra le guérir.

Voici un modèle de suggestion à donner pour un fumeur de cigarettes par exemple :

Lorsque je vous éveillerai, le désir de fumer la cigarette aura disparu. Vous ne chercherez plus à en fumer d'autres. Chaque jour, vous en sentirez moins le désir. Si vous continuez malgré tout, vous constaterez que l'odeur du tabac vous fera mal au cœur, que votre gorge deviendra sèche, et votre haleine brûlante.

En répétant cela plusieurs fois dans chaque oreille, au degré léthargique, le fumeur peut être guéri en une seule fois.

Maintenant, en supposant que ledit fumeur ne puisse pas être mis en léthargie, il faudra lui répéter les mêmes suggestions à l'état somnambulique.

Il arrivera quelquefois, et même souvent, qu'il se débattra et vous dira : « Laissez-moi tranquille, je fumerai si ça me plait. » Dans ce cas, n'insistez pas trop le premier jour ; mais au deuxième essai — IL FAUT LAISSER AU MOINS UN INTERVALLE DE DEUX JOURS — dites-lui d'une voix douce et persuasive :

« Vous avez fumé malgré ma défense, et cependant, vous savez bien que votre organisme ne peut plus supporter l'odeur de la cigarette. Eh bien ! toutes les fois que vous fumerez, votre gorge sera de plus en plus brûlante, l'appétit s'en ira, vous digérerez mal et vos nuits seront sans sommeil.

Lorsque l'on a répété ces suggestions plusieurs fois dans chaque oreille, il est rare que le fumeur ne soit pas guéri.

Il y en a même qui sont tellement sensibles aux ordres donnés dans le sommeil, que le fait de passer devant un débit de tabac leur donnera la nausée.

Maintenant, peut-on donner des suggestions au 1er degré du sommeil magnétique ou crédulité ?

Cela dépend beaucoup du sujet. Les uns se rappellent les ordres donnés, d'autres les oublient. On peut toujours essayer.

Dans cet état, le dormeur écoute tout sans mot dire, avec une docilité parfaite ; c'est le degré le plus agréable pour l'opérateur, mais nous le répétons, tous les sujets n'ont pas souvenance au réveil.

Pour s'en rendre compte, il s'agit simplement de donner au dormeur un petit ordre anodin, et s'il est exécuté au réveil, on peut, sans crainte, donner les suggestions pour la guérison des mauvaises habitudes.

Il n'est pas nécessaire d'avoir une formule sacramentelle pour chaque cas.

On peut varier à l'infini le genre des suggestions. Ce qu'il faut surtout, c'est une voix persuasive.

. . . .

CHAPITRE VIII

Le Réveil.

Pour endormir, nous nous sommes contentés de faire l'établissement du rapport et de mettre la main droite au front.

Pour réveiller c'est encore plus simple.

Il s'agit tout simplement de mettre la main gauche au front du sujet, à dix ou vingt centimètres et toujours sans raideur ; le dormeur REPASSERA par toutes les phases, tout comme s'il avait pris un billet d'aller et retour, c'est-à-dire : de la léthargie, il passera par le somnambulisme, la catalepsie, la crédulité et enfin le réveil.

DÉGAGEMENT

Bien que réveillé, le sujet a souvent la tête lourde, ou un brouillard devant les yeux.

Il s'agit dans ce cas de faire des passes transversales rapides ou des passes ascendantes.

Ces dernières doivent se faire de bas en haut avec souplesse et vélocité. Il faut, en un mot, que l'opérateur déplace beaucoup d'air en élevant ses mains *partant des genoux du sujet, (celui-ci étant assis) jusqu'au sommet de la tête.*

Les passes transversales sont également très dégageantes. L'opérateur doit s'imaginer voir un nuage enveloppant son sujet. Il faut donc diviser ce nuage en écartant les mains latéralement avec une très grande vitesse.

En somme, le point de départ sera le milieu du front du sujet, et les deux mains de l'opérateur s'écarteront de ce point, latéralement comme nous venons de le dire.

Si le brouillard ne se dissipe pas, le magnétiseur pratiquera le souffle froid (1) sur le front du patient, et cela en garantissant les yeux de celui-ci avec sa main gauche (2).

Généralement, les débutants ne dégagent pas suffisamment leur sujet. Certains professionnels ont le même défaut. Il faut donc toujours s'informer avec sollicitude si le dormeur est bien, et lui demander si rien ne le gêne.

UN SUJET EST UN ETRE SACRÉ.

S'il s'abandonne CORPS ET AME entre vos mains vous devez prendre un soin jaloux de sa personne et vous inquiéter du plus petit malaise qu'il pourrait avoir.

C'est de cette façon que vous vous attirerez sa sympathie, et ceci est un point énorme pour la lucidité.

Rien de plus touchant que de voir l'affection spontanée qui se déclare dans le somnambulisme, entre le sujet et le magnétiseur.

Le dormeur ou la dormeuse sourit en prenant la main de l'opérateur qu'il presse souvent avec force, comme pour le remercier d'avoir été plongé par lui dans cette douce torpeur si bien décrite par Georgette et Myriam, page 19.

(1) Souffle rapide ayant une action dégageante.
(2) Celle-ci fait l'office de paravent. Elle a pour but d'éviter d'envoyer l'air sur le visage.

CHAPITRE IX

Le pourquoi de la main droite au front

MÉCANISME DE LA MAIN DROITE ET DE LA MAIN GAUCHE

Nous avons dit au commencement de ce volume que la main droite mise au front du sujet endormait celui-ci en un temps plus ou moins long.

Pourquoi ?

Il est temps de l'expliquer.

La théorie que nous allons donner aurait dû régulièrement être décrite dès les premières pages. Nous n'avons pas cru devoir le faire. La théorie est toujours aride et quand elle est le début d'un ouvrage il y a bien des chances que ledit ouvage soit lu évasivement comme un simple journal.

Le mieux que nous puissions faire, c'est de relater ou d'expliquer les phénomènes de la polarité tels qu'ils sont décrits à la Société Magnétique de France.

Polarité.

1re Loi. — Le corps humain est polarisé. — Le côté droit est positif. — Le côté gauche est négatif.

2e Loi. — La polarité est inverse chez les gauchers.

3e Loi. — Les pôles du même nom excitent. — Les pôles de nom contraire calment.

POLARITÉ SECONDAIRE

Le devant du corps. au milieu, depuis le sommet de la tête jusqu'à l'entre-jambes est positif, et cela sur une largeur de trois à quatre centimètres.

Le dos, depuis le même point de départ jusqu'au bas

de la colonne vertébrale, est négatif, sur une largeur de trois à quatre centimètres également.

EXPLICATION DU MÉCANISME

Nous avons dit que les pôles du même nom excitent, c'est précisément cette excitation qui produit le sommeil.

Quand nous mettons notre main droite (positive), au milieu du front (positif également) du sujet, nous produisons une excitation.

Après quelques minutes d'imposition (1) l'opérateur ressent un picotement dans le bout des doigts, et le sujet éprouve une chaleur quelquefois lourde, parfois piquante, qui produit le sommeil positivement.

Voilà toute la théorie. Elle n'est pas bien longue.

Cette méthode a un avantage sur toutes les autres, c'est qu'elle permet d'endormir une personne à son insu, même à travers une muraille.

Supposons une jeune couturière ou brodeuse en train de travailler consciencieusement dans une pièce voisine de la nôtre.

Supposons encore que la jeune fille ait le dos tourné du côté du mur.

Que faudra-t-il faire pour l'endormir ?

Rien de plus simple.

Il suffira tout bonnement de diriger la main gauche, les doigts en pointe et sans raideur, derrière la tête de la personne. Et aussitôt le fluide magnétique qui sort de la main comme d'une pomme d'arrosoir *saturera* le sujet sans plus s'occuper du mur que s'il n'existait pas, car ce fluide traverse tout, sauf une glace. Pour réveiller il n'y aura qu'à placer la main droite derrière la tête.

---

(1) Imposition veut dire à distance. Et application avec contact.

En un mot, ce que donne la main droite, la main gau-
che le retire, et réciproquement.

Un autre moyen, qui fait également son petit effet en
société, est de mettre son pied gauche contre le pied
gauche de sa voisine, ou le pied droit contre le pied
droit.

Comme les pôles du même nom excitent, ne l'oublions
pas, un fourmillement commencera par se produire dans
la jambe de votre voisine, et bientôt un engourdissement général finira par l'endormir tout à fait.

Pour la réveiller il suffit de mettre le pied opposé.
Inutile, bien entendu, de l'écraser de votre poids, ce
serait peu galant. Un simple contact suffit, et même on
peut s'en passer à la condition, néanmoins, d'être pro-
che.

.   .   .   .

Nous avons dit plus haut que LA POLARITÉ ÉTAIT
INVERSE CHEZ LES GAUCHERS.

Donc, gauchers, c'est à vous que je m'adresse. Lorsque vous voudrez bien endormir un sujet, vous devrez
mettre la main gauche au front, et pour réveiller, la
main droite.

Ceci étant bien compris nous n'y reviendrons plus.

CHAPITRE X

Hypnotisme.

AUTRES MOYENS POUR ENDORMIR

Bien que remplissant plusieurs des particularités énoncées au commencement de ce volume, certains sujets sont durs à la détente, quand il s'agit de s'endormir pour la première fois.

C'est ici que l'hypnotisme va entrer en jeu pour dompter la première résistance, souvent inconsciente, du sensitif.

Je conseillerai toujours l'établissement du rapport avant toute chose.

Ayant fait cela pendant dix minutes environ, l'opérateur devra se lever en restant toujours en face du sujet et en lui appliquant les mains sur les épaules.

Ceci fait, l'hypnotiseur regardera le sujet entre les deux yeux, c'est-à-dire à la racine du nez (cette dernière méthode est la meilleure), et lui dira ce qui suit :

Au commandement de 1, vous fermerez les yeux,

Au commandement de 2, vous les ouvrirez,

Au commandement de 3, vous les refermerez,

Au commandement de 4, vous les rouvrirez, et ainsi de suite.

L'opérateur pourra ainsi compter jusqu'à 150 au besoin.

Ce procédé nous a donné toujours de bons résultats, et cela pour plusieurs raisons.

La première, c'est que le fait pour le sujet de fermer et d'ouvrir les yeux produit une pression légère et continue sur les globes oculaires, ce qui aide déjà puissamment au sommeil.

La deuxième, c'est que l'opérateur a le temps de se reposer pendant que le sujet a les yeux baissés. Car il est bien entendu que lorsque le sujet ouvre les yeux, il doit toujours rencontrer le regard de l'hypnotiseur.

Or, si ce dernier éprouve un moment de faiblesse, il a tout le temps voulu pour se reposer, puisque c'est lui qui compte et dirige la cadence.

A vrai dire, cette méthode n'est pas de l'hypnotisme, pur, puisque nous recommandons l'établissement du rapport qui, lui, est du Magnétisme. C'est, en somme, un procédé mixte.

Les personnes qui voudraient apprendre l'HYPNO-TISME, dans toute l'acception du mot, auront tout intérêt à faire l'acquisition du livre de M. J. FILIATRE, fort volume (1) de 400 pages, dont je suis dépositaire.

J'ai tenu, AVANT TOUT, dans le présent ouvrage, à démontrer :

TOUTES LES PHASES DU SOMMEIL MAGNÉ-TIQUE avec leurs particularités différentes.

Jusqu'ici, ces phases et degrés, appelons-les comme on voudra, étaient souvent confondus par le débutant ; aussi je crois bon de relater, pour finir, une foule de questions qui m'ont été et me sont encore posées dans le courant de mes leçons par des élèves.

Ce petit questionnaire m'aura évité de couper à chaque instant mes descriptions et il fera comprendre en peu de mots bien des phénomènes qui seraient ardus à expliquer dans le courant d'une phase quelconque.

---

(1) Cet ouvrage est un des plus complets sur la question. Son prix est dérisoire de bon marché. J'expédie ce livre contre 4 francs franco.

CHAPITRE XI

Questions et Réponses.

QUESTION. — Quelle différence y a-t-il entre le Magnétisme et l'hypnotisme ?

RÉPONSE. — Le MAGNÉTISME provient d'une force neurique ou vitale que nous possédons et qui se transmet par émission suivant les uns, et vibrations, suivant les autres.

Cette force ou fluide peut être comparée à l'électricité produisant attraction ou répulsion, calme ou excitation.

C'est, en un mot, la saturation qui endort le sujet, en l'enivrant pour ainsi dire.

Dans l'hypnotisme, le sujet est tout, l'opérateur n'est rien.

Cela est si vrai, qu'un sensitif peut s'endormir tout seul, en regardant le bout de son doigt.

Quoi qu'il en soit, la suggestion qui est du bagage de l'hypnotisme aide puissamment l'opérateur. Mais faut-il encore que le sujet prête toute son attention à ce que l'on dit. Dans le Magnétisme, au contraire, le sujet peut causer comme si de rien n'était pendant que le magnétiseur lui dirige les doigts de la main droite vers le front. Quand la saturation est complète, autrement dit quand le sujet est saoûl, le sommeil vient naturellement.

QUESTION. — *Quels sont les avantages de l'hypnotisme ?*

RÉPONSE. — D'une façon générale, l'hypnotisme agit plus rapidement dans la production du sommeil.

Là où le Magnétisme échoue, l'hypnotisme réussit souvent.

Mais il est bon, quand un sujet a été endormi par l'hypnotisme, d'opérer ensuite par le Magnétisme qui est plus doux.

En un mot, l'hypnotisme a le rôle du sapeur qui défonce les portes et ouvre le passage.

QUESTION. — *Quelle est l'action des miroirs tournants?*

RÉPONSE. — 1° Les miroirs tournants ont d'abord l'avantage d'endormir plusieurs sujets à la fois.

2° Quand l'appareil est savamment combiné, et bien réglé, il semble au sensitif que les boules s'entrechoquent.

Cette sensation aide énormément à la production de l'hypnose.

D'autre part, les boules tournant de gauche à droite donnent encore plus de force au sommeil.

Cela s'explique par le Magnétisme du Mouvement (1). En tournant dans le sens des aiguilles d'une montre, c'est-à-dire de gauche à droite, on provoque l'excitation.

En somme, il est de beaucoup préférable d'être endormi par un miroir tournant que par un point fixe, qui pourrait dans certains cas produire une congestion cérébrale.

QUESTION. — *Comment peut-on endormir un sujet avec un verre d'eau ou tout autre liquide ?*

RÉPONSE. — Il s'agit tout simplement de magnétiser préalablement cette eau positivement et de mettre le récipient dans la main droite du sujet, ou de magnétiser le liquide négativement, et de mettre le verre dans la main gauche du sujet.

QUESTION. — *Comment magnétiser un verre d'eau positivement ?*

____

(1) De gauche à droite positif, et de droite à gauche négatif.

RÉPONSE. — En tenant ce verre d'eau dans sa main droite, et à pleine main, pendant cinq minutes environ. Pour augmenter l'action on peut appliquer le verre d'eau sur son genou droit, et poser ensuite les doigts en pointe (toujours de la main droite) au-dessus du liquide (de 5 à 10 centimètres environ).

QUESTION. — *Par quel phénomène le sommeil se produit-il ?*

RÉPONSE. — Tout simplement d'après les lois de la polarité. Le sujet commence par sentir un fourmillement dans la main qui tient le verre, puis un engourdissement progressif monte jusqu'au coude, puis à l'épaule, et enfin à la tête. A ce moment, le sujet tombe au 1er degré du sommeil magnétique en lâchant le verre (1). Si celui-ci était toujours maintenu, le sensitif franchirait toutes les phases du sommeil.

Mais il faut pour cela une personne sensible.

QUESTION. — *Y a-t-il un moyen, pendant le sommeil magnétique, de donner un ordre, ayant pour but de produire un autre sommeil à un temps déterminé, et cela sans que l'opérateur soit présent au moment fixé ?*

Autrement dit, peut-on, par suggestion post-hypnotique, dire au sujet : « Tel jour à telle heure, vous tomberez dans un sommeil profond ? »

RÉPONSE. — Oui, ceci est l'enfance de l'art, mais encore faut-il prendre de grandes précautions.

Supposons, par exemple, que vous disiez à un sujet : samedi prochain à 6 heures, vous tomberez dans un sommeil irrésistible.

Supposons encore que le jour arrivé, le sujet ait une course pressée à faire.

(1) Lire *Les Débuts d'un Magnétiseur*, par André Neff, où la divine Jeanne, l'héroïne de ce roman vécu, fut endormie à son insu par ce procédé.

Alors, voyez-vous le malheureux traversant la place
de la République, par exemple, et s'endormant net à
6 heures tapant sous les pieds des chevaux de Made-
leine-Bastille !

Ce serait du joli !

Voilà par où péchent les débutants.

Ils donnent des ordres à la légère sans se préoccuper
des conséquences terribles qui peuvent en résulter.

QUESTION. — *Voudriez-vous me donner un exemple
de votre façon d'opérer ?*

RÉPONSE. — En général, il ne faut jamais produire
un sommeil trop brusque.

Certains hypnotiseurs diront, par exemple : « La pro-
chaine fois que vous vous trouverez en ma présence,
vous vous endormirez dès que je prononcerai le mot :
Stop. »

L'effet est certain, mais ébranle l'organisme.

D'autres disent : « Dès que vous serez assis dans ce
fauteuil, vous dormirez spontanément. »

C'est toujours la même chose. Le phénomène est trop
brusque.

Voici comment je procède.

Le sujet étant en somnambulisme, je lui dis par
exemple : Demain soir, à 8 heures, lorsque vous vien-
drez chez moi, vous vous asseoirez dans ce fauteuil;
pendant que nous causerons de choses et autres, vous
entendrez soudain à MON phonographe une valse très
douce.

*Dès les premières notes de cette valse, une douce tor-
peur vous envahira. Au fur et à mesure que vous entendrez cette valse, votre sommeil sera de plus en plus
profond. Et enfin, lorsque le morceau sera terminé, vous
serez plongé dans le 3ᵉ degré du sommeil, tel que vous
êtes actuellement.*

Alors le phénomène est merveilleux.

Quand, le lendemain, le sujet arrive à l'heure convenue et qu'il entend les premières notes, il éprouve un léger sursaut, mais si léger, qu'il est inutile d'en parler.

Après une minute d'audition le dormeur est au 1er degré.

Après deux minutes au 2e degré.

Après trois minutes, au 3e degré.

C'est chronométrique.

Et à chaque phase nouvelle, le fameux soupir en question ne manque pas de se manifester.

C'est déconcertant et sublime.

Et comme le disque ne met pas plus de trois minutes à se dévider, on est certain que le sujet n'ira pas plus loin.

QUESTION. — *Et si c'était un autre phonographe que le vôtre, ou une tout autre musique de ce genre, mais jouant une valse quand même ?*

RÉPONSE. — La suggestion ne s'accomplirait pas, et c'est fort heureux.

QUESTION. — *Pourquoi ?*

RÉPONSE. — Parce qu'il suffirait qu'un bonhomme quelconque joue de l'orgue de Barbarie dans la rue, pour que le sujet tombe sur le trottoir, et c'est pourquoi JE PRÉCISE en disant, afin qu'il n'y ait pas de confusion : Vous vous endormirez

DANS CE FAUTEUIL
A HUIT HEURES
ET A MON PHONOGRAPHE.

Ces détails ont leur importance, et empêchent toute confusion dans l'esprit du suggestionné.

Est-ce avec intention que vous choisissez une valse ?

Oui, la valse a, par elle-même, une vertu presque magique. Elle est berçante, entraînante, magnétique en un mot.

Dans mes nombreuses expériences j'ai constaté que

certaines valses avaient une action bien supérieure à d'autres.

Par exemple CALINE (1) *de Turine*, disque Pathé, n° 6.657, donne des effets merveilleux.

Tous les sujets qui sont passés par nos mains ont entendu « Câline ».

Certains s'endormaient même sans avoir reçu de suggestions antérieures.

Ceux qui ne dormaient pas pleuraient.

Bref, aucun n'était indifférent.

Il y a, dans ce morceau, des reprises de baryton vraiment impressionnantes.

Un jour que je me trouvais dans une grande ménagerie, dont je n'ai plus le nom présent à la mémoire, j'ai vu des lions et des tigres — *sous l'influence de cette valse en question, exécutée magistralement* — pousser des rugissements qui avaient une toute autre intonation que ceux poussés habituellement.

Un ours blanc des mers polaires, qui avait le balancement si caractéristique et ininterrompu de ces pauvres animaux trop à l'étroit, s'arrêtait net dès l'exécution de CALINE, et continuait son déhanchement cadencé à n'importe quelle autre musique.

On comprendra sans peine que si les fauves sont émus, les sensitifs seront terriblement troublés.

LA VAGUE, valse bien connue, de METRA, produit également son petit effet, mais elle est loin de rivaliser avec l'autre.

QUESTION. — *Est-ce que celui qui exécute une suggestion post-hypnotique est insensible ?*

RÉPONSE. — Oui, complètement, et c'est une des plus belles choses du Magnétisme.

____

(1) Il y a plusieurs valses du nom de Câline, c'est pourquoi nous précisons.

Exemple : je dis à un sujet : « Demain, de 3 heures à 5 heures, vous irez chez M. L., dentiste, vous lui direz de vous arracher cette molaire qui vous fait tant souffrir. »

Il est absolument certain que le sujet, qui ne dormira pas cependant, ne ressentira aucune douleur.

Et cela sans que j'aie dit : VOUS N'ÉPROUVEREZ AUCUN MALAISE.

Le fait même d'exécuter un ordre commandé dans le sommeil DONNE L'INSENSIBILITÉ D'AUTORITÉ PENDANT L'EXÉCUTION DE CET ORDRE.

QUESTION. — *Mais alors, pour toute femme endormable, l'accouchement sans douleur est tout trouvé ?*

RÉPONSE. — Naturellement, et c'est tellement simple que personne n'y pense.

QUESTION. — *Peut-être y aurait-il un danger pour le nouveau-né?*

RÉPONSE. — Aucun danger, la mère étant réveillée et consciente — mais insensible — il ne peut rien résulter de fâcheux, comme si elle était endormie profondément, soit par le chloroforme, soit par tout autre produit.

QUESTION. — *Vous croyez alors que l'anesthésie produite par le Magnétisme et l'hypnotisme est supérieure à celle produite par le chloroforme ?*

RÉPONSE. — Bien certainement, et de 100 coudées. Le Magnétisme EST LE ROI DES ANESTHÉSIQUES.

Malheureusement, tout le monde n'est pas endormable, et c'est pourquoi je trouve que les sensitifs sont des êtres privilégiés.

N'est-ce pas une force de dire : JE PUIS BRAVER LA DOULEUR et cela grâce à qui ? au Magnétiseur !

Il est donc forcé qu'une sympathie étroite existe entre l'opéré et l'opérateur.

QUESTION. — *Comment vous y prendriez-vous pour donner une suggestion post-hypnotique à une femme devant accoucher dans quatre ou cinq mois, par exemple ?*

RÉPONSE. — On sait généralement à quinze jours près l'époque d'un accouchement ; je dirais donc à la personne intéressée qu'à partir de.... (ici la date) elle ne ressentira aucune douleur.

QUESTION. — *Et si, par extraordinaire, la personne avait un accident qui déroute tous vos plans ?*

RÉPONSE. — Ce serait encore plus simple, j'endormirais ladite personne et la mettrais en somnambulisme, de sorte qu'elle pourrait voir elle-même dans l'intérieur de son corps comment va l'opération, ce qui serait d'un secours précieux pour l'accoucheur.

QUESTION. — *Comment peut-on reconnaître l'auteur d'une suggestion ?*

RÉPONSE. — Il faut, pour cela, endormir le sujet dans les 4 phases et, à chacune de ces dernières, lui demander le nom du suggestionneur.

QUESTION. — *Et si le dormeur refuse de donner le nom sous prétexte qu'il en a reçu l'ordre ?*

RÉPONSE. — Une ruse enfantine qui réussit presque toujours, consiste à dire au sujet : « *Celui qui vous a endormi vous a défendu de révéler son nom, c'est parfait, mais il ne vous a nullement défendu de dire son adresse !* » Naïvement, le sujet lâche le mot avant de se ressaisir.

QUESTION. — *Et si le suggestionneur a donné l'ordre en léthargie où le sujet entend tout sans pouvoir répondre ?*

RÉPONSE. — Dans ce cas je dis au dormeur : « Tout à l'heure, dès votre réveil, l'IDÉE VOUS VIENDRA d'écrire sur un papier le nom du suggestionneur. Cette idée sera si forte que vous ne pourrez y résister.

« Vous prendrez donc la première feuille qui vous tombera sous la main, et écrirez son nom, puis, comme après tout, cela ne regarde personne, vous chiffonnerez cette feuille en la jetant au loin. »

L'effet se produira indubitablement. Le fait de faire chiffonner le papier enlève tout soupçon dans l'âme du sujet.

Mais il est rare qu'un suggestionneur prenne tant de précautions. Si c'est pour un ordre criminel, il oubliera certainement une chose capitale, tout comme ces bandits de haute marque qui pensent à tout pour dérouter les recherches, et qui, au dernier moment, laissent négligemment leur carte de visite sur un meuble quelconque.

QUESTION. — *Que conseillez-vous pour obtenir la lucidité ?*

RÉPONSE. — Avant toute chose de la chaleur.

Certains sujets ne sont lucides que sous une température de 20, 25 et même 40 degrés.

Il faut ensuite exciter le plexus cardiaque, et, autant que possible, que le sensitif ait les pieds sur du parquet.

Quoi qu'il en soit, il y a des sujets qui ne seront jamais lucides, malgré toute la science du Magnétiseur; car si ce dernier peut développer cette faculté, IL NE PEUT LA CRÉER.

QUESTION. — *Connaissez-vous des particularités secondaires pour aider à trouver des sensitifs ?*

RÉPONSE. — Oui, beaucoup de sujets sont tristes le dimanche (cette particularité est bizarre).

Ils sont même si tristes que certains m'ont avoué que s'ils avaient à se suicider, ce serait ce jour-là qu'ils choisiraient.

D'autres, et ils sont légion, sont menteurs à outrance, et cela sans aucun bénéfice pour eux, pour le plaisir de mentir seulement.

QUESTION. — *Quand un sujet remplit toutes les parti-*

cularités énoncées, et qu'il ne s'endort pas comme on pourrait le supposer, à quoi cela tient-il ? -

RÉPONSE. — Cela tient à sa nature spongieuse.

Au début, tout semble bien marcher, l'action magnétique assoupit le sujet, puis, au moment où l'on croit que ce dernier doit succomber, un réveil se produit.

A proprement parler, ce n'est pas un réveil, puisque le sujet ne dort pas. C'est plutôt une espèce de détente.

Alors il n'y a plus rien à faire.

On pourrait saturer tant et plus que rien n'y ferait.

Le fluide ne reste plus dans le corps du sensitif dont la nature pourrait être comparée à un papier buvard qui par trop humecté, ne peut plus absorber.

En un mot, c'est comme si on voulait remplir une futaille dont la cannelle serait ouverte.

C'est là, quelquefois, que l'hypnotisme triomphe. Un miroir tournant, dans ce cas, peut aider ou même mieux, faire l'ouvrage tout seul. C'est pourquoi le Magnétisme et l'hypnotisme sont tributaires l'un de l'autre.

QUESTION. — *Quel est le plus endormable de l'homme ou de la femme ?*

RÉPONSE. — Généralement la femme est plus sensitive.

QUESTION. — *Les personnes nerveuses font-elles de meilleurs sujets ?*

RÉPONSE. — Beaucoup le croient. Mais c'est une erreur. En tous cas, dans toutes nos expériences, nous avons toujours préféré *des jeunes filles* calmes et froides, CE QUI N'EMPÊCHE PAS D'ÊTRE SENSITIF.

QUESTION. — *Comment change-t-on le sommeil naturel en sommeil hypnotique ?*

RÉPONSE. — Il y a plusieurs méthodes :

La première consiste à mettre un fer à repasser, chaud, au front du dormeur (à une distance de 10 centimètres). Après une dizaine de minutes, la chaleur du fer change le sommeil naturel en sommeil hypnotique, et, chose curieuse, le dormeur se trouve plongé de suite au 3e degré, c'est-à-dire le somnambulisme. Du moins, c'est une généralité.

QUESTION. — *Et quand on n'a pas de fer chaud sous la main ?*

RÉPONSE. — Dans ce cas, il faut s'approcher très doucement de l'individu profondément endormi, lui appliquer légèrement la main droite sur le front ou sur le creux de l'estomac, pendant quelques minutes, et lui dire, alors, doucement, *à plusieurs reprises : Ne vous réveillez pas, continuez à dormir.* Un moment après on peut ajouter : *Ma voix vous endort de plus en plus, mais vous pouvez néanmoins me répondre tout en continuant de dormir.*

Cette méthode, qui est très préconisée, demande la dextérité d'un équilibriste ou d'un cambrioleur.

Le moindre faux mouvement peut tout faire manquer, c'est pourquoi nous préférons la méthode du fer chaud.

QUESTION. — *Comment a-t-on découvert ce procédé ?*

RÉPONSE. — Supposons être dans un hiver rigoureux, PLACÉS TOUT PRÈS d'un poêle ou d'une cheminée ayant un feu ardent, nous ne tarderons pas à constater qu'un engourdissement progressif s'emparera de tout notre être, et en restant par trop longtemps nous finirons par perdre notre équilibre et tomber à la renverse.

Maintenant, supposons encore que, quoique près du feu, nous ayions un journal en main et placé de telle sorte que la tête soit garantie du foyer. Eh bien ! nous pourrons avoir très chaud, mais nullement sommeil. C'est bien ce qui prouve que c'est la chaleur seulement à la tête qui endort.

Voilà pourquoi le fer chaud placé au front donne de si bons résultats.

La personne dormant déjà, l'on provoque de cette

façon une bifurcation, ou un déclic, et le sommeil, de naturel, devient artificiel ou magnétique.

QUESTION. — *Est-il nécessaire d'avoir une grande force de volonté et de concentration pour faire de la transmission de pensée ?*

RÉPONSE. — Nullement. Tout vient du sujet qui est plus ou moins réceptible.

QUESTION. — *Cependant, dans certains théâtres ou concerts, on voit souvent des magnétiseurs faire des efforts terribles pour envoyer l'idée à leur sujet ?*

RÉPONSE. — Cela fait bien pour le public, ainsi que pour l'opérateur. Si la chose se produisait sans effort apparent, on croirait à un truquage, on y croit même quelquefois, mais c'est un tort, car la transmission de pensée existe bien.

Le truquage peut exister, mais il est cent fois plus difficultueux à faire qu'à produire le phénomène honnête.

QUESTION. — *Etes-vous bien certain que l'opérateur n'emploie pas une volonté féroce ?*

RÉPONSE. — Absolument. Voici du reste une preuve qui vous convaincra que la pensée que vous croyez envoyer comme un jet sous l'effort de la volonté n'a rien à faire.

Chez les somnambules consultants, le fait de la transmission de pensée a presque toujours lieu.

Celui qui consulte la voyante pense naturellement à ce qu'il dit.

Tout en causant, il voit par la mémoire sa maison, son jardin, ses domestiques, ses animaux, etc. Alors il arrive que la voyante dira : « Vous habitez au rez-de-chaussée, monsieur. Vous avez là un bien joli jardin. Tiens, je vois un chien marron ! Est-il à vous ?

Le visiteur est aux anges d'être tombé sur un sujet si clairvoyant.

Eh bien ! croyez-vous que ce consultant a fait des efforts terribles pour communiquer sa pensée ? C'est bien à son insu que le phénomène s'est produit, car le sujet a pu lire à livre ouvert dans son cerveau.

Il résulte de ceci que le visiteur enthousiasmé prend souvent trop à la lettre ce qu'on lui dit.

Car si la dormeuse VOIT LE PRÉSENT, ce qui est déjà très joli, elle peut fort bien se tromper de route par la suite.

CHAPITRE XII

Lucidité et spéculation.

Maintes fois sollicités pour obtenir de la lucidité des Méthodes lucratives, nous nous décidons aujourd'hui à publier les meilleurs moyens à employer avec un bon sujet, pour réaliser des bénéfices importants aux courses.

Rappelons que chaque famille possède au moins une personne susceptible d'être endormie.

En supposant cette personne trouvée, voici ce qu'il faut faire.

1° MOYEN TACTIL

Copier sur une feuille de papier la liste des chevaux devant courir dans la PREMIÈRE ÉPREUVE.

La feuille devra mesurer au moins 30 centimètres de long et 5 centimètres de large, pas plus.

Il faudra espacer les noms des chevaux d'une façon régulière, c'est-à-dire que s'il y a 10 chevaux on laissera un intervalle de 3 centimètres entre chaque cheval, et cela pour que le sujet puisse, avec ses doigts, tâter librement l'écriture tout comme si elle était en relief.

Si le sujet retourne spontanément l'écriture du côté des genoux, c'est un excellent signe. Si encore il tient la liste des chevaux LE HAUT EN BAS, c'est encore une bonne affaire.

Si, au contraire, le DORMEUR tient le papier comme pour le lire naturellement, ce sera ou un simulateur ou un incapable.

Admettons pour un instant que le sujet tienne l'écriture FACE AUX GENOUX.

Il arrivera ceci :

Après un temps pouvant varier de une à trois minutes, le sujet serrera avec violence la liste et la fera glisser plusieurs fois sous ses doigts, en s'arrêtant une seconde à chaque nom.

A un certain moment, les doigts s'arrêteront NET, comme si une barre invisible les empêchait d'aller plus loin.

Le nom recouvert par le doigt sera le gagnant, ou tout au moins un cheval à l'arrivée.

Notons dès maintenant que le phénomène n'est pas courant, et que cette façon merveilleuse de voir n'a jamais pu être expliquée par LE MONDE SAVANT.

2° MOYEN AUDITIF

Le sujet a toujours sous la main la liste des chevaux devant arriver DANS LA PREMIÈRE... Pourquoi dans la PREMIÈRE ?...

Parce qu'elle est VIERGE.,. C'est le pucelage de la journée. Excusez ce terme irremplaçable, mais il explique, dans une certaine mesure, que le sujet ne confondra pas l'ordre des courses.

Cette première épreuve est pour lui comme une piste neuve dans de la neige fraîchement tombée. En insistant pour la troisième ou quatrième course, le sujet serait dans la situation d'un trappeur cherchant à relever une piste ayant été maintes fois foulée par de nombreux troupeaux.

Cette explication n'est point une fantaisie de notre imagination, mais celle fournie par nos Médiums.

Afin de ne rien oublier, disons tout de suite qu'il arrive parfois que le sujet, après avoir tenu la liste un bon moment, prend cette dernière à pleines mains comme pour la pétrir et en extraire le GAGNANT.

Arrivons donc au moyen auditif qui nous concerne.

Nos lecteurs comprennent que, par moyen auditif, nous voulons dire que la Somnambule entend au lieu de voir. Or, rien n'est plus difficile, même à un SPORTSMAN consommé, de discerner le nom du GA-GNANT au milieu du brouhaha et des hurlements habituels aux arrivées.

Comment donc un sujet placé à plusieurs kilomètres de cet endroit pourra-t-il entendre, sans se tromper et à l'avance, ce qu'un homme ne saurait faire sur les lieux mêmes ?

C'est là un des phénomènes habituels de la clairaudience.

Pour le Médium, le PASSÉ, le PRÉSENT et l'AVENIR, sont sur la même ligne ; il n'y a pour lui aucune différence, et c'est ce qui, malheureusement, fait naître souvent des erreurs. Les personnes habituées à fréquenter les CHAMPS DE COURSES ont remarqué, de longue date, qu'il y avait des joueurs, ou plutôt des SPÉCULATEURS, pariant pour le compte d'un tiers, et ceci est énorme, notez-le bien (1), qui, après la course, disaient d'une voix calme (mettons PRÉDICATEUR), « PRÉDICATEUR A GAGNÉ », et c'est cette voix, calme dans la tempête, cette voix seule, que le sujet entend, et cela avec d'autant plus de force qu'il est, de par le MAGNÉTISME, dans un plus profond isolement. Tout ce que nous venons de relater se déroule très rapidement, et après quelques essais le lecteur fera cette expérience comme un vieux routier.

---

(1) Celui qui joue pour le compte d'un tiers est absolument froid, son jugement est sain, sa voix calme, et sur un champ de courses, c'est un phénomène, et ce phénomène a sa répercussion sur le cordon fluidique reliant le sujet du CHAMP DE COURSES AU LIEU DU SOMMEIL.

TROISIÈME MOYEN

JOIE INTÉRIEURE DE L'OPÉRATEUR RESSENTIE QUELQUES HEURES AVANT PAR LE SUJET

Ce moyen original est peut-être le plus efficace, sinon le plus sûr. Le Magnétiseur devra établir un jeu tout comme s'il devait aller au Champ de Courses.

Ce jeu devra être fait non pas à la légère, mais avec conviction, avec calcul. Il faudra, en un mot, que le Magnétiseur se mette dans la peau d'un joueur qui cherche par tous les moyens à gagner sa vie par sa science sportive.

Ceci aura pour but de donner un CORPS à l'opération. Le sujet, étant endormi selon l'art, tâtera la liste et devra voir, s'il est quelque peu lucide, ce QUE RESSENTIRAIT (le soir à 7 heures en lisant le résultat) le joueur devant le compte rendu.

Si la Somnambule pressent une joie intense, c'est parfait, l'Opérateur peut porter ou faire exécuter son jeu.

Si au contraire, elle voit une grimace significative, il faudra naturellement s'abstenir.

En général, un joueur gagne 2 fois sur 7. Ce serait donc deux spéculations assurées pour la semaine.

.   .   .   .

Ici, une objection semble s'imposer, et on peut se dire ceci : Si l'opérateur a établi un jeu mauvais, il n'a tout simplement qu'à en faire un autre, et cela jusqu'à ce qu'il soit bon.

Ne comptons pas là-dessus, car des jeux ainsi faits n'auraient pas D'AME NI DE CORPS, et la somnambule n'aurait aucune prise.

Que celui qui veut faire cette expérience se contente d'un succès par semaine, ce sera magnifique.

.   .   .   .

Quelles seront maintenant les conditions à remplir pour que le sujet possède une bonne lucidité ?

Si la chose est possible, lui faire un peu de musique (un bon phonographe, reproduisant un air de violon, suffit généralement); à défaut de musique on pourra faire respirer au sujet un parfum, du musc de préférence.

Enfin, quand le sujet dort, et si la clairvoyance ne paraît pas parfaite, autrement dit quand le sujet ne semble pas sûr de ses dires, nous conseillons d'exciter le plexus cardiaque, comme le représente la photographie ci-contre.

Si malgré tout cela, la lucidité tarde par trop à se manifester, il ne faut pas insister et remettre l'expérience à un autre jour. Mieux vaut un retard qu'une défaite probable.

Nous sommes à la disposition de nos lecteurs pour tous les renseignements complémentaires dont ils pourraient avoir besoin.

Est-il utile de dire qu'un Boursier peut opérer dans le même ordre d'idées ? Cela va de soi !

G. SUARD.

Conclusion

Le magnétisme et l'hypnotisme laissent un champ immense à tous ceux qui veulent s'en occuper.

On a vu que toute personne plongée dans l'hypnose PEUT SUBIR, LE SOURIRE SUR LES LÈVRES, les opérations les plus douloureuses.

MAIS RIEN QUE CECI n'est-il donc pas suffisant pour que l'on devienne immédiatement un fervent adepte de cette science ?

Et pour la douleur morale, n'est-ce pas encore plus merveilleux ?

Si un médecin habile peut supprimer, par son art, une violente douleur physique, il ne pourra faire oublier un souvenir pénible.

Ici, une suggestion habile sera plus forte que tous les remèdes du monde.

Nous avons connu une jeune femme tellement éplorée de la mort de son mari, qu'elle voulait à toute force se suicider. Nous fûmes assez heureux de l'endormir, et huit jours plus tard, l'époux était aussi oublié que s'il n'avait jamais existé.

Une mère inconsolable de la mort de son enfant peut être guérie par ce même moyen, c'est-à-dire la suggestion.

Beaucoup de personnes qui ont eu une brillante situation et qui perdent courage à tout moment, en pensant amèrement au temps passé, seront soulagées séance tenante, de leurs souvenirs pénibles, et complètement guéries après deux ou trois sommeils.

Les peureux, les timides, seront changés du tout au tout. Une demi-heure de sommeil, et voilà des hommes reformés et cimentés pour la lutte !

Il faudrait dix volumes comme celui-ci pour indiquer en détail tous les bienfaits du Magnétisme. Et si vous avez le bonheur de tomber sur un sujet lucide comme l'était Lucie le 13 juin 1908 (1), ne croyez-vous pas avoir bien employé votre temps ?

Ce sujet lucide, vous pourrez le trouver dans votre famille ou dans votre entourage !

Pendant les longues soirées d'hiver, essayez quelques expériences ! Faites l'établissement du rapport !

Certaines personnes à l'esprit caustique vous diront qu'en faisant l'établissement du rapport vous avez l'air de deux sphinx cherchant à pénétrer leurs mutuels secrets.

Laissez dire les sots, le savoir a son prix. Ne craignez pas le ridicule ; dès le moindre succès les rieurs seront pour vous. Essayez la transmission de pensée, cela CLOUE les plus incrédules.

Bref, vous avez, nous le répétons, dans le Magnétisme et l'hypnotisme le côté amusant, lucratif et humanitaire.

(1) Lire *Les confessions d'un magnétiseur*, par G. Suard.

TABLE DES MATIÈRES

		Pages
I. — Les sensitifs ou sujets		5
II. — Comment produire le sommeil		10
III. — Premier état du sommeil. — Crédulité		12
IV. — Deuxième phase. — Catalepsie		23
V. — Troisième état ou troisième phase du sommeil magnétique. — Somnambulisme		30
VI. — Quatrième phase du sommeil magnétique. — Léthargie		36
VII. — Suggestions post-hypnotiques		37
VIII. — Le réveil		41
IX. — Le pourquoi de la main droite au front		43
X. — Hypnotisme : Autres moyens pour endormir		46
XI. — Questions et réponses		48
XII. — Lucidité et spéculation		61
Conclusion		66

Lire avec attention les pages qui suivent.

OUVRAGES PUBLIÉS PAR LE MÊME AUTEUR

Les Débuts d'un Magnétiseur................... 3 »
Ouvrage troublant où le jeune Auteur qui raconte lui-même son odyssée, se trouve *seul* devant celle qu'il aime profondément *endormie* et complètement insensible.

Comment on roule un Book !............... 5 »
Ouvrage qui pourrait être intitulé: Les Mystères de Paris Turfiste ou la Revanche du joueur. *Ce roman scientifique* n'a aucun rapport avec les inepties qui furent publiées à profusion ces dernières années (C'est la télépathie mise en pratique).

La Billardomancie........................ 2 »
Science nouvelle permettant de reconnaître immédiatement tous les défauts et qualités d'une personne que l'on voit jouer au billard pour la 1re fois. Cet ouvrage indique en outre les 3 coups primordiaux du noble jeu et notamment le secret du rétrograde.

La Méthode du Ramage (*Système sportif Gagnant*) . 15 »
Ouvrage permettant de se faire 4.000 fr. de rentes environ avec un faible capital.

Mon cheval placé (*Système sportif placé*) .... 15 »
Méthode idéale pour l'employé ou le petit rentier.

Pour gagner aux Courses .... 25 »
Ouvrage documenté au-delà de toute idée. Six méthodes bien distinctes y sont clairement démontrées avec preuves à l'appui. Hautes références.

Les Deux Méthodes d'un Vieux Turfiste...... 30 »
En un seul volume, 30 ans d'expérience de sport.

La 6me Couplée .... 50 »
Haute étude sportive d'un Polytechnicien qui a réalisé le prodige dans une seule année de faire gagner quinze mille fr. avec un capital de 1.500 fr.

Sur demande, il est envoyé une Notice spéciale très détaillée sur chacun de ces Ouvrages.

EN PRÉPARATION :

Dix ans parmi les Employés.
Les Confessions d'un Magnétiseur.

AVIS PRÉCIEUX

Pour les personnes désirant se documenter par une vue d'ensemble, nous avons établi un **Système de location** *très avantageux pour les méthodes sportives.*

AUTRES OUVRAGES RECOMMANDÉS

Hypnotisme, Magnétisme de J. Filiatre〉 *Relié* **5 25**
    400 pages avec photogravures ....〈 *Broché* **4** »

Occultisme expérimental de J. Filiatre **5 25**

Hypnotisme par l'image de J. Filiatre, avec
    128 photogravures hors texte. . . . . **4** »

L'Hypnotisme à la portée de tous de J. Maxi-
    milien **3 75**

Pour faire son chemin dans la Vie, de S. Roudès
                   〉 *Relié* .. **4** »
                   〈 *Broché.* **3 50**

Pour l'Étranger et les Colonies ajouter **0 50** en plus pour
chaque volume.

IMPRIMERIE
F. BOUCHY
11, RUE HÉLÈNE
Paris

IMPRIMERIE F. BOUCHY
11, Rue Hélène, 11
PARIS (17e)

www.ingramcontent.com/pod-product-compliance
Lightning Source LLC
LaVergne TN
LVHW050102060726
842524LV00003B/871